图解人气棒针编织
（加拿大风格篇）

感受科维昌毛线的轻柔和温暖！

背心、外套、披巾、帽子、护脖

[日] E&G 创意　编著

韩慧英　陈新平　译

中国水利水电出版社
www.waterpub.com.cn

目 录

p.36
*Ladies

p.37
*Ladies

p.40
*Ladies

p.41
*Ladies

p.44
*Ladies

p.45
*Men's

p.48
*Ladies

p.49
*Ladies

p.52
*Ladies

p.53
*Ladies

基础教程

针·其他工具

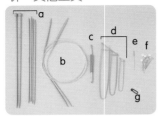

a2 支·4 支棒针、b 环针、c 钩针、
d 防解别针、e 手缝针、f 针织用
珠针、g 针数环
请按各作品要求使用针及其他
工具。

线

HAMANAKA 3S 加拿大人
从线团外侧使用。

线的形状

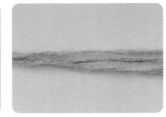

常规的科维昌线（6 股用作 1 根）
的一半粗度，3 股用作 1 根。

出现断线时

1 因线的特性，松解多次或用
力拉收均有可能导致断开。

2 线的两端重合 10cm 左右，相
互捻合。

3 捻合完成状态。换新线时，也
用这种方法。

（挂指起针）

2 支棒针起针

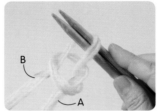

1 制作最初的针圈（参照第 60
页），收紧线。

★本书均使用这种起针方法。

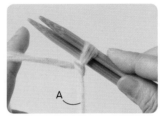

2 第 1 针完成。挂于大拇指的 A
线留约 3 倍长度。

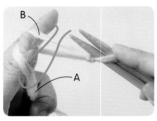

3 用 2 支针，如箭头所示从内
侧挑 A 线，B 线从外侧挑至
内侧。

4 如箭头所示，步骤 3 挑起 B
线的针引出 A 线之间。

5 收紧步骤 3、4 编织完成的
线。图中为 2 针完成状态。

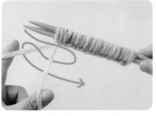

6 重复步骤 3～5，起针。

7 制作完成所需的起针数之后，
从针圈引拔 1 支棒针。

8 保持针圈，将 1 支棒针剩余的
针圈移至环针。

9 已移至环针。

10 如果作品需要 4 支棒针编织，
按步骤 8 要领，用 4 支棒针
中 3 针平均分配针圈即可。

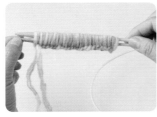

1　同2支棒针起针，重合环针的2支棒针部分，制作针圈。针侧排列满起针，则抽出1支。

2　针圈靠近右侧，2支针起针。

3　重复步骤1、2，制作所需针数。

4　环针侧直接完成起针，此方法省去了移动针圈的步骤。

重点教程

（领的加针和端部针圈的编织方法）　★有2行替换颜色，方便理解。

鹿图案的外套
作品 ⇨ p.44、45 页
编织方法 ⇨ p.46 页

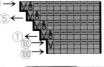

第1行（正）

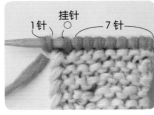

1　编织7针下针，编织挂针（参照第61页）及下针1针。

第2行（反）

2　第1针如箭头所示入针，不编织移动（滑针=V）。

第3行（正）

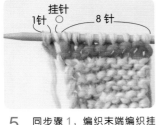

5　同步骤1，编织末端编织挂针及下针1针。

第4行（反）

6　同步骤2，1针不编织移至右针（滑针=V）。

3　下个针圈（上一行的挂针），如箭头所示入针，扭转编织下针。

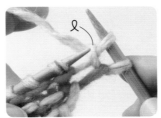

7　接着扭转编织（扭针）上一行的挂针部分，剩余的针圈编织下针。

4　编织完成扭针，接着编织下针。

第8行（正）

8　重复4次这2行的操作，编织8行，改变织片的方向。第9行参照图示，按相同要领编织。

（前领和后领的拼接方法·
起伏针的针圈和行的拼接方法）　★订缝拼接的线使用同作品同种的中细或中粗的直纱线。

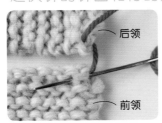

1　从内侧出针，挑起外侧针圈。

2　仔细交替挑起。

3　订缝至指定位置。保持2片织片平整对齐是关键。

4　拉收隐藏订缝线，并注意防止线绽开。

（编织包住过线的编入花样）

虎鲸图案的背心
作品 ⇨ p.48
编织方法 ⇨ p.50

□ =C 线
□ =B 线
■ =A 线
■ =底线
颜色搭配

第 4 行（反）

1　第 3 行编织完成，A 线在底线侧打结。

2　第 1 针用底线编织上针。右下图为编织完成状态。

3　第 2 针用 A 线编织上针。

4　第 3 针用底线编织。

5　第 4 针用 A 线编织。右下图为编织完成状态。

6　交替编织 A 线及底线。

第 5 行（正）

7　第 4 行完成，改变织片方向，B 线在底线侧打结。

8　第 1 针夹住 B 线，用 A 线编织下针，右下图为编织完成状态。

9　第 2 针夹住 A 线，用 B 线编织下针。右下图为编织完成状态。

10　重复步骤 8、9，交替编织 A 线及 B 线。图中完成 8 针。

第 6 行（反）

11　第 6 行用 B 线编织 1 行上针。

12　继续编织完成第 6 行。

第 7 行（正）

13　第 7 行同 A 线及 B 线，C 线在 B 线侧打结。第 1 针用 B 线编织下针。

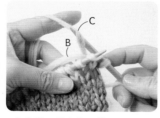

14　第 2 针夹住 B 线，用 C 线编织下针。

15　第 3 针将 B 线置于针上，用 C 线编织下针。

16　第 3 针完成。

17 第 4 针夹住 B 线，用 C 线编织。

18 第 5 针将 B 线置于针上，用 C 线编织下针。

19 图中为第 5 针完成状态。

20 同步骤 14 及 17，用 C 线编织 5 针，再用 B 线编织 1 针。

第 8 行（反）

21 重复 C 线 5 针、B 线 1 针，共计 6 针。

22 第 1 针将 B 线置于针上，用 C 线编织上针。

23 2 针夹住 C 线，用 B 线编织上针。按步骤 22，第 3 将不编织的线置于针上，用 B 线编织上针。

24 图中为第 4 针完成。

25 第 5 针用 C 线编织。

26 B 线置于针上，用 C 线编织上针。

27 第 7 针同样用 C 线编织。

28 编织至第 7 针，按同样要领编入。

正面

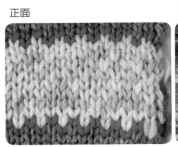

反面

正面

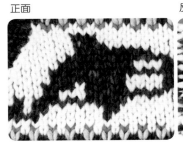

反面

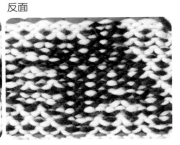

基础教程

★对齐各织片正面，两端均挑起订缝1针内侧横向的线。
★此处以袖下为例进行说明。
★订缝拼接的线使用作品同种的中细或中粗的直纱线。

单松紧针

1 从两端织片的反面分别出针，挑起针。

2 挑起1针内侧的横线。右下图为挑起左端针圈的内侧横线。

3 逐行交替挑起。

4 收紧线，保持织片平整。

平整

1 同单松紧针，逐行交替挑起编织端部1针内侧的横线。

2 收紧线，保持织片平整。两端针圈整齐拼接。

（肩部拼接·盖住拼接）

★正面向内重合前肩及后肩，钩针拼接。

1 入针于内侧针圈，挂针于外侧针圈，如箭头所示引出。

引出的针圈

2 挂线引拔。

3 同步骤1、2，下个针圈同样入针于内侧针圈，外侧针圈挂于针尖引出。

引出的针圈

4 挂线，如箭头所示一并引拔。右下图为引拔完成状态。

5 线均匀收紧，同样引拔。

6 盖住拼接完成。下一行图片为正面状态。

（肩部拼接·引拔拼接）

1 反面对合前后肩，如左图箭头所示，入针于内侧及外侧各1针圈，如右图所示挂线，2针一并引拔。

2 如箭头所示，下个针圈送入钩针，挂线引拔。

3 如箭头所示，从步骤1引拔针圈引拔步骤2引拔的针圈。右下图为引拔完成。

4 重复步骤1~3，引拔完成。图片为正面状态。

从行挑针

1 单松紧针部分入针于织片端部1针内侧，挂线引出。

2 图中挑起2针完成。

3 线均匀收紧，挑起。

4 平针部分同样挑起1针内侧。

（单松紧针的伏针固定）

★上一行为下针，重复"编织下针盖住"；上一行为上针，重复"编织上针盖住"。
平针及双松紧针按相同要领伏针固定。

1 始端编织2针下针。

盖住

2 左针穿入编织完成的2针右侧针圈，盖住。

盖住

3 接着编织上针，盖住右侧针圈。右下图为盖住状态。

盖住

4 编织下针。右下图为盖住状态。

（流苏的接合方法）

5 重复步骤3及4，伏针固定。线均匀收紧，对应针圈大小。

1 从织片反面出针，从本体织片引出对折的流苏线。

2 从引出的对折线绊引拔线头。

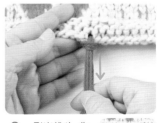

3 引出线头，收紧结头。接合于指定位置，最后用剪刀裁剪整齐。

（绒球的制作方法）

1 参照制作方法，用绒球等宽的纸板绕线指定次数。此时，分2~3次交替配色线缠绕。

2 抽出线团，中心用同色系的中细或中粗的直纱线打结。

3 用剪刀剪断两端线环。

4 线裁剪整齐调整形状，制作成圆形。

树图案的背心

作品 ⇨ 第12、13页

〈需要准备的物品〉
线……（女）3S 加拿大人 米绿色（3）
225g、原色（1）115g、3S 加拿大人（粗花呢）
红褐色（108）55g（男）3S 加拿大人 绿色（2）
310g、原色（1）130g、3S 加拿大人（粗花
呢）绿色（106）85g
针……（通用）棒针13号·11号、钩针
8/0 号

其他……（通用）直径2cm 扭针2个

〈尺寸〉（女）胸围85cm 衣长52cm 背
肩宽31.5cm（男）胸围101cm 衣长60cm
背肩宽36cm

〈织片密度〉（通用）编入花样/10cm 见方
13针·17行

〈编织方法〉（通用）
1 男款131针起针，女款115针起针，接
前后衣片，编织下摆的单松紧针。编入花
样（参照6及7页）编织至侧边，接着分
为左·右前衣片及后衣片3个部分，编织
至肩部。
2 反面向内引拔拼接肩部（参照第8页），
从后衣片的领窝（△）挑针，编织后领。
后衣片翻到正面，看着后衣片的反面，从
两端（▲）挑针，编织右前领和左前领。
3 从左右前端挑针编织前开襟，男款在左
前开襟侧开扣眼，女款在右前开襟侧开扣眼。
4 前开襟及前领为针圈和行的拼接（参照
第5页），缝接纽扣。

女款前衣片 15～38行部分

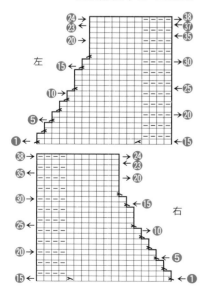

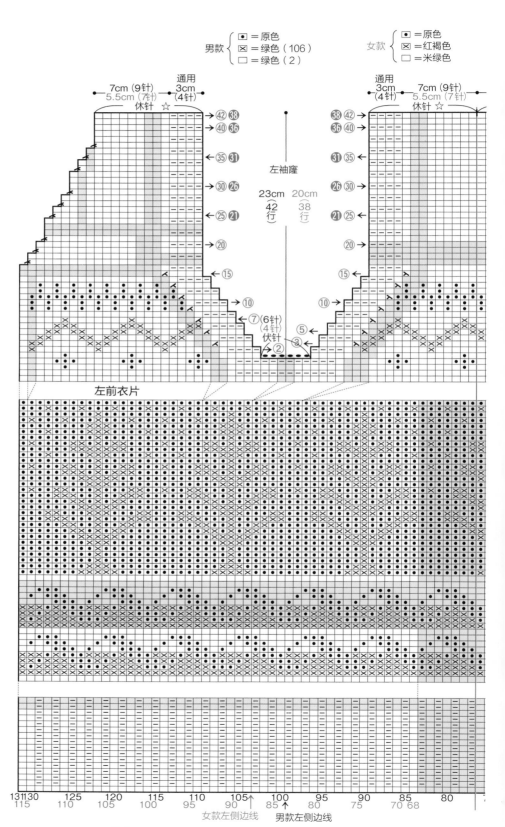

10

※领、前开襟、制作图接14页

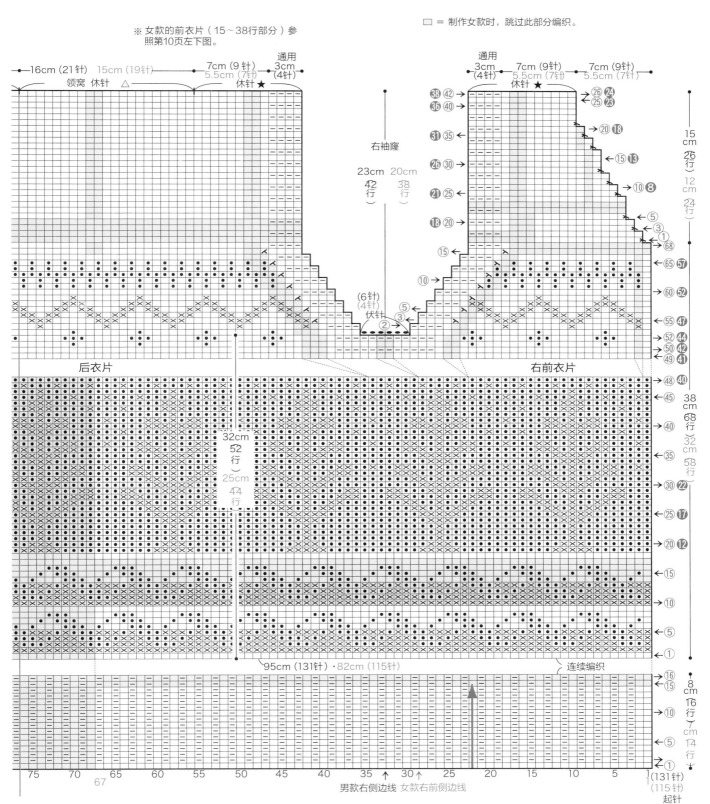

树图案的背心

编织方法 ⇨ 第 10、11、14 页
设计 & 编织 ⇨ 松井 MIYUKI

有着温暖感受的暗色女式背心，
树图案之间飘着白雪。

12

树图案的背心

❋ Men's

编织方法 ⇨ 第 10、11、14 页
设计 & 编织 ⇨ 松井 MIYUKI

青绿色铺垫的底色，同女款的图案装
饰一样的背心。

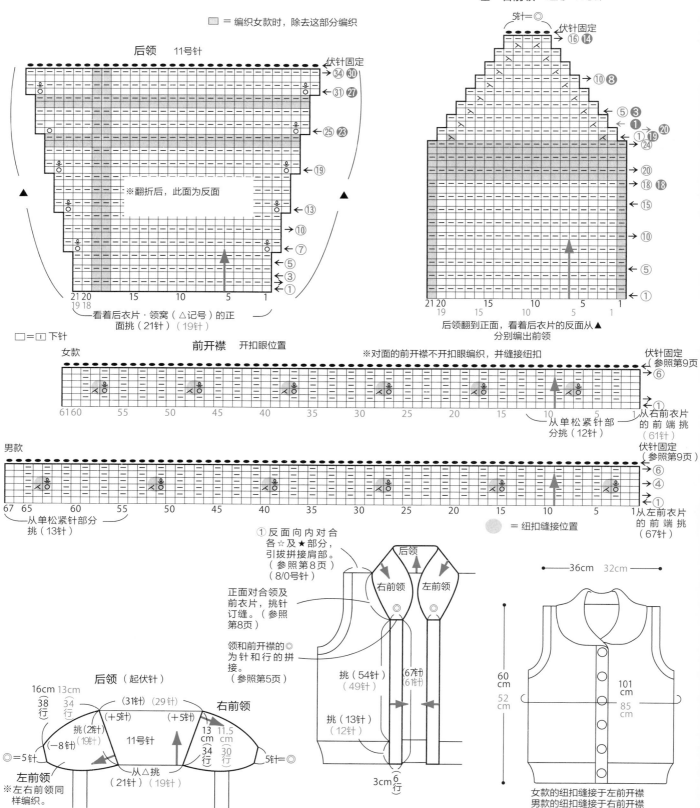

※后领·右前领·前开襟：女款用米绿色编织，男款用绿色编织。

左·右前领　通用　11号针

□ = 编织女款时，除去这部分编织

后领　11号针

5针=◎
伏针固定

伏针固定

※翻折后，此面为反面

看着后衣片·领窝（△记号）的正面挑（21针）（19针）

后领翻到正面，看着后衣片的反面从▲分别编出前领

□=□ 下针

前开襟　开扣眼位置

※对面的前开襟不开扣眼编织，并缝接纽扣

女款

伏针固定
参照第9页

从单松紧针部分挑（12针）

从右前衣片的前端挑（61针）

男款

伏针固定
（参照第9页）

从单松紧针部分挑（13针）

= 纽扣缝接位置

从左前衣片的前端挑（67针）

① 反面向内对合各☆及★部分，引拔拼接肩部。（参照第8页）（8/0号针）

正面对合领及前衣片，挑针订缝。（参照第8页）

领和前开襟的◎为针和行的拼接。（参照第5页）

后领　（起伏针）

16cm 13cm
38行 34行

（31针）（29针）

右前领

挑（2针）（19针）

（+5针）（+5针）

11号针

13cm 11.5cm
34行 30行

◎=5针

从△挑（21针）（19针）

5针=◎

左前领
※左右前领同样编织。

挑（54针）（49针）

（6行）（6行）

挑（13针）（12针）

后领

右前领　左前领

3cm（6行）

36cm　32cm

60cm
52cm

101cm

85cm

女款的纽扣缝接于左前开襟
男款的纽扣缝接于右前开襟

14

虎鲸图案的背心
天鹅图案的背心

作品 ⇨ 第 48、49 页

〈需要准备的物品〉
线……（虎鲸图案的背心）3S 加拿大人（粗花呢）海军蓝（107）251g，3S 加拿大人 原色（1）65g，红色（13）23g，水蓝色（9）23g（天鹅图案的背心）3S 加拿大人 米绿色（3）300g，粉色（12）21g，黄色（10）14g，3S 加拿大人（粗花呢）象牙白（101）51g

针……（通用）棒针 13 号·11 号、钩针 8/0 号

其他……（通用）直径 1.8cm 纽扣 6 个

〈尺寸〉（通用）胸围 93cm 背肩宽 33cm 衣长 54cm

〈织片密度〉（通用）编入花样 /10cm 见方 13 针·16 行

〈编织方法〉（通用）
1　挂手指起针制作 17 针，编织 12 行单松紧针。编入花样（参照第 6、7 页）无加减针编织 42 行。

袖窿的第 1 行接衣片，伏针编织侧边中心的 5 针，从第 2 行氛围左前、后及右前，袖窿减针编织左前衣片至第 38 行，再接线分别编织后衣片、左前衣片。
2　反面对合肩部，引拔拼接。
3　袖口挑针为环状，单松紧针编织 6 行，编织末端伏针固定。
4　领单松紧针编织 12 行，编织末端伏针固定。
5　前开襟单松紧针编织 6 行，右前侧制作扣眼，编织末端伏针固定。
6　纽扣缝接于左前开襟。
※ 前后衣片的编织方法见第 50 页。

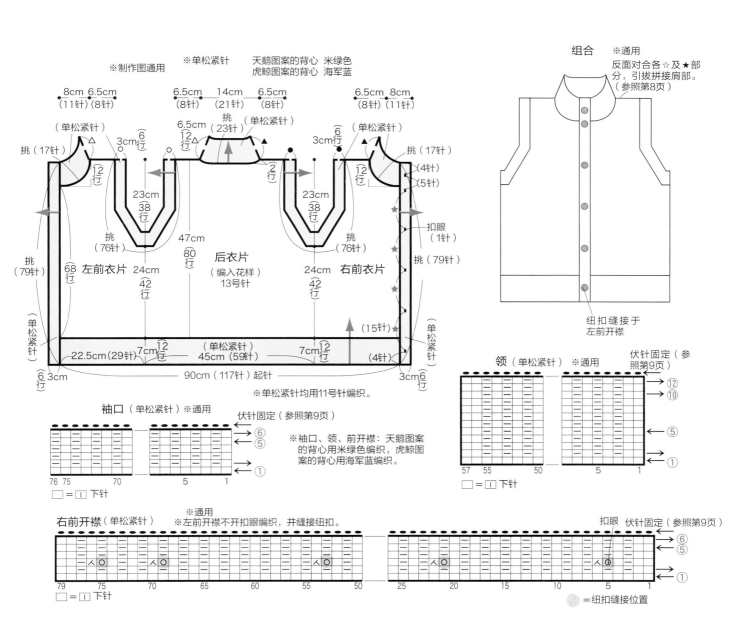

※单松紧针均用11号针编织。

※袖口、领、前开襟：天鹅图案的背心用米绿色编织，虎鲸图案的背心用海军蓝编织。

几何图案的护腿

*Ladies

编织方法 ⇨ 第 18 页
设计 & 编织 ⇨ 河合真弓　栗原由美
几何图案的彩色起伏针非常甜美。
搭配同款的帽子，更漂亮！

星星图案的帽子

*Ladies

编织方法 ⇨ 第 19 页
设计 & 编织 ⇨ 河合真弓　栗原由美

橙色的星星图案装饰，
配上硕大的绒球，增添可爱感。

几何图案的护腿

作品 ⇨ 第 **16** 页

〈需要准备的物品〉
线……3S 加拿大人（粗花呢） 象牙白（101）
30g、浅褐色（102）74g、3S 加拿大人 橙（11）
15g、宝石绿（7）、蓝色（8）各 15g

针……棒针 13 号

〈尺寸〉腿围 30cm 长 34cm

〈织片密度〉编入花样 /10cm 见方 12 针 17.5 行

〈编织方法〉
1 本体挂手指起针制作 36 针成环状，单松紧针编织 5 行。接着，编入花样（参照第 6、7 页）无加减针编织 47 行，再编织 6 行单松紧针。
2 编织末端伏针固定。

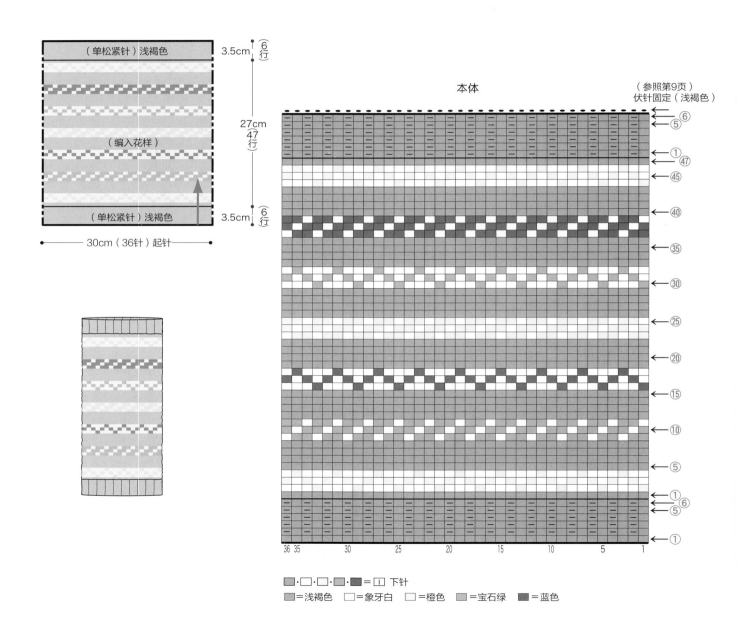

下针 □·□·□·■·■ =□ 下针

=浅褐色 =象牙白 =橙色 =宝石绿 =蓝色

18

星星图案的帽子

作品 ⇨ 第 17 页

〈需要准备的物品〉

线……3S 加拿大人（粗花呢）象牙白（101）
42g、浅褐色（102）35g、3S 加拿大人 橙色（11）
11g

针……棒针 13 号

〈尺寸〉头围 53cm 深 22.5cm

〈织片密度〉编入花样 /10cm 见方 12 针・16 行

〈编织方法〉

1 本体挂手指针起针制作 64 针成环状，编织 5 行单松紧针。接着，编入花样（参照第 6、7 页）无加减针编织 16 行，平针编织 8 行，分散减针编织 7 行平针。

2 线穿入最终行剩余的针圈（8 针），收紧。

3 绒球参照图示制作，订缝接合于本体的顶部。

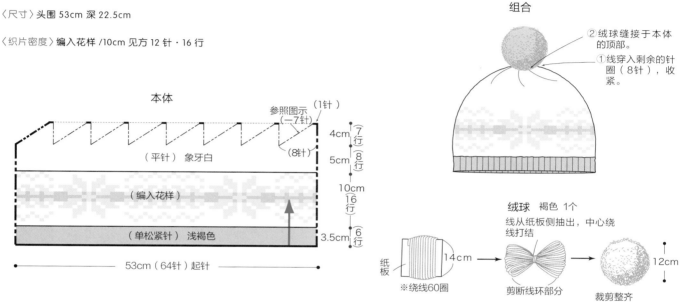

本体

参照图示（1 针）
（-7 针）
（平针）象牙白
（8 针）
4cm 7行
5cm 8行
（编入花样）
10cm 16行
（单松紧针）浅褐色
3.5cm 6行
53cm（64 针）起针

组合

② 绒球缝接于本体的顶部。
① 线穿入剩余的针圈（8 针），收紧。

绒球 褐色 1个

线从纸板侧抽出，中心绕线打结

纸板
14cm
※绕线 60 圈

剪断线环部分

裁剪整齐
12cm

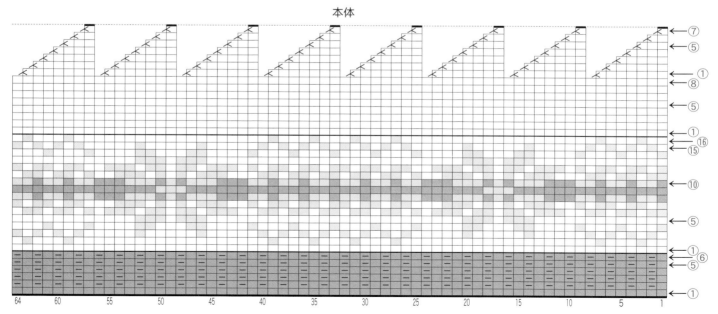

本体

⑦
⑤
①
⑧
⑤
①
⑯
⑮
⑩
⑤
①
⑥
⑤
①

64 60 55 50 45 40 35 30 25 20 15 10 5 1

■・□・■ = □ 下针

■=浅褐色 □=象牙白 □=橙色

19

三叶草的披巾

*Ladies

编织方法 ⇨ 第 **22** 页
设计 & 编织 ⇨ 松本薰

下摆侧三叶草装饰的披巾，
边缘还有流苏装饰。

星星图案的披巾

*Ladies

编织方法 ⇨ 第 22 页
设计 & 编织 ⇨ 松本薰

雪花图案的多彩披巾,
黄绿色的粗花呢俏丽可爱。

三叶草的披巾
星星图案的披巾

作品 ⇨ 第 48、49 页

〈需要准备的物品〉

线……（三叶草的披巾）3S 加拿大人　原色（1）
205g、暗绿色（5）160g、艺丝羊毛中粗　暗绿
色（329）30g（星星图案的披巾）3S 加拿大人（粗
花呢）黄绿色（103）170g、象牙白（101）90g、
3S 加拿大人 深褐色（4）85g、橙色（11）20g

针……（通用）棒针 15 号·13 号

〈尺寸〉（三叶草的披巾）周长 150g　宽 40cm
流苏长 5cm（星星图案的披巾）周长 150cm　宽
40cm

〈织片密度〉（通用）编入花样 /10cm 见方 12 针
·16 行

〈编织方法〉（通用）

1　挂手指起针制作 180 针成环状，编织起伏针。
接着横向过线的编入花样，分散减针编织 58 行。
接着，双松紧针编织 6 行领。编织末端伏针固定。
2　三叶草的披巾的流苏位置 9 处打结固定
流苏。

星星图案·三叶草的披巾

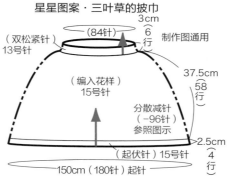

制作图通用

150cm（180针）起针

三叶草的披巾 组合

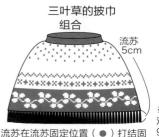

流苏
5cm

流苏
暗绿色

※18cm×3根
对折制作流苏，
90处打结固定。
（参照第9页）

流苏在流苏固定位置（●）打结固
定，流苏前端裁剪整齐。

※分散减针每次隔12针2针并1针减针。　　星星图案的披巾　※20行至最终行通用。

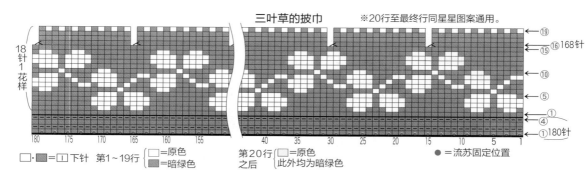

□■=∣下针　□=象牙白　■=深褐色　□=黄绿色　■=橙色

三叶草的披巾　※20行至最终行同星星图案通用。

□·■=∣下针　第1~19行　□=原色　■=暗绿色

第20行
之后　□=原色　此外均为暗绿色　●=流苏固定位置

22

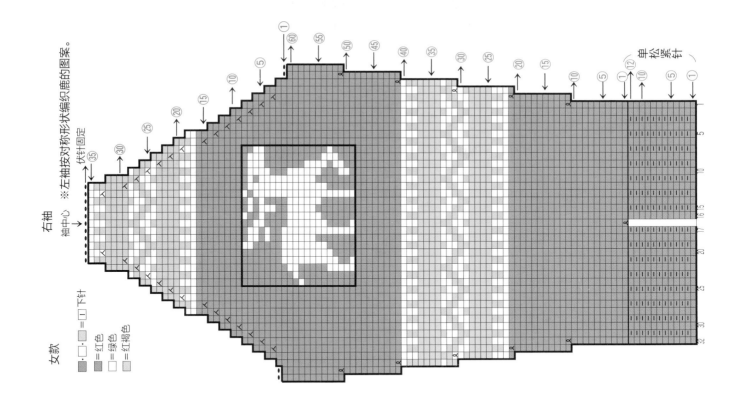

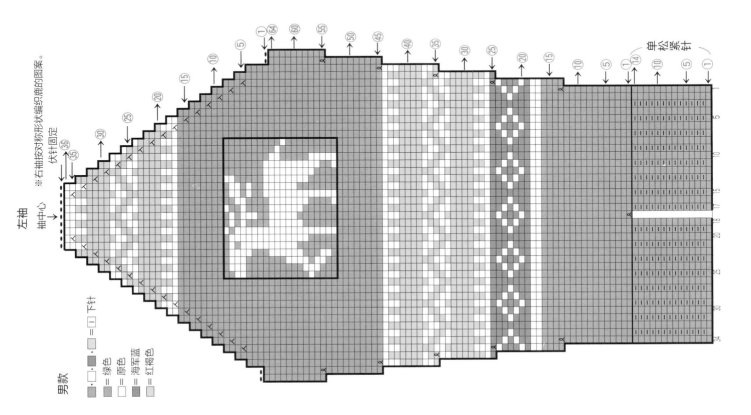

23

鸟和花的外套

*Ladies

编织方法 ⇨ 第 **26**、**27**、**57** 页
设计 & 编织 ⇨ 风工房

海军蓝底色搭配鸟和花的图案，专属你的
精美的外套。

鸟和花的外套

作品 ⇨ 第 24 页

〈需要准备的物品〉

线⋯⋯3S 加拿大人 海军蓝（15）510g、原色（1）45g、深褐色（4）26g、红色（13）12g

针⋯⋯棒针 13 号・11 号

其他⋯⋯直径 3cm 纽扣 5 个

〈尺寸〉胸围 94cm 横长 73cm 衣长 55cm

〈织片密度〉编入花样 /10cm 见方 13 针・18 行

〈编织方法〉

1 接前后衣片，挂手指起针，编织 16 行下摆的单松紧针。换针，编织编入花样（参照第 6、7 页）。编织侧边时，如图所示分左右前衣片及后衣片 3 个部分编织。

2 按衣片相同要领，如图所示编织 2 片袖。

3 领从衣片的后领窝正面挑针，起伏针加针编织后领，伏针固定最后的针圈。之后，从领的正面挑针，编织各左右前领。

4 左右前端侧编织前襟。

5 挑针订缝衣片及袖，挑针订缝袖下。挑针订缝衣片的领窝及左右前领，领端及前襟为针和行的拼接。纽扣缝接于左前开襟。

※ 袖、领及组合方法见第 57 页。

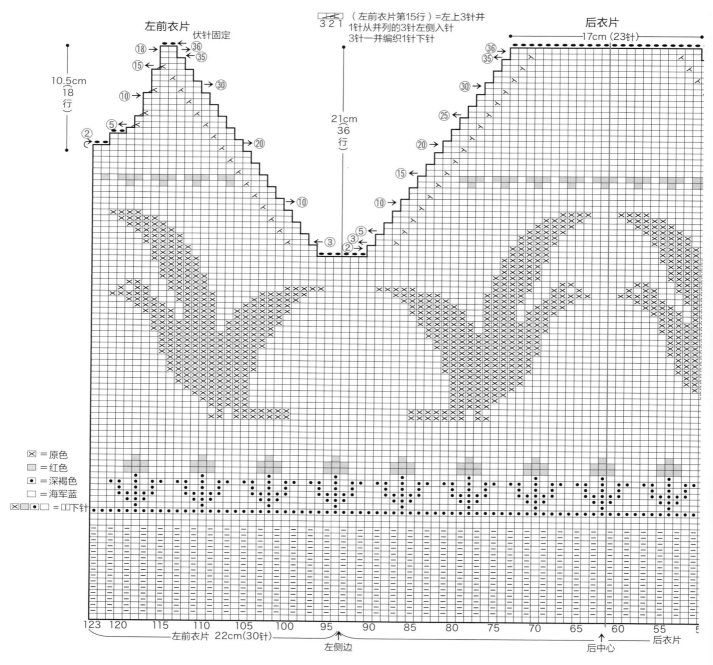

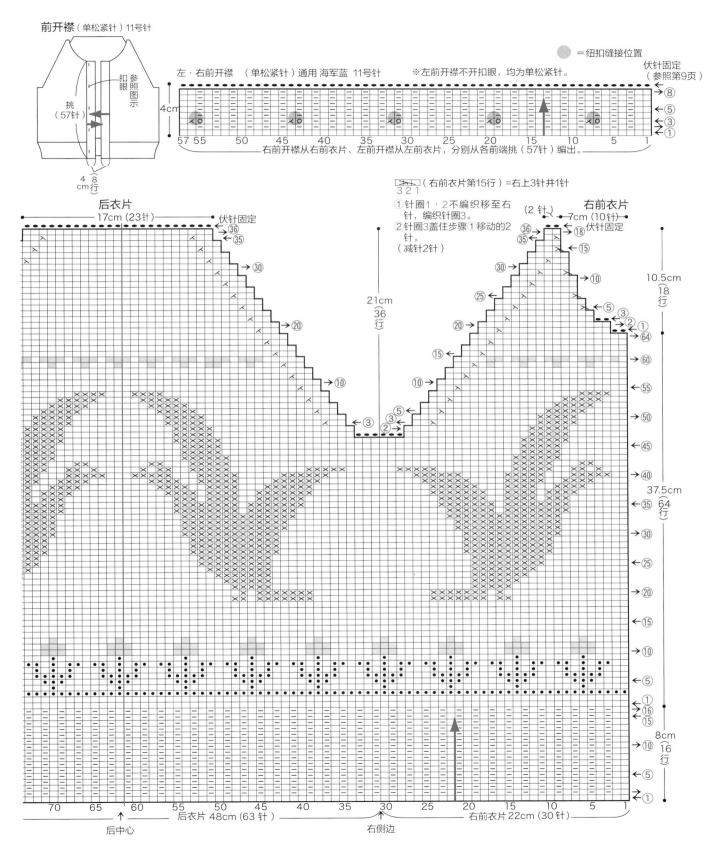

前开襟（单松紧针）11号针

挑（57针）
扣眼 参照图示
4cm 8行

左·右前开襟　（单松紧针）通用 海军蓝 11号针　　※左前开襟不开扣眼，均为单松紧针。

＝纽扣缝接位置

伏针固定（参照第9页）

4cm

57 55　　50　　45　　40　　35　　30　　25　　20　　15　　10　　5　　1

右前开襟从右前衣片、左前开襟从左前衣片，分别从各前端挑（57针）编织。

（右前衣片第15行）=右上3针并1针
3 2 1

①针圈1·2不编织移至右针，编织针圈3。
②针圈3盖住步骤1移动的2针。
（减针2针）

后衣片

17cm（23针）　　伏针固定

右前衣片

7cm（10针）　　伏针固定

（2针）

21cm 36行

10.5cm（18行）

37.5cm（64行）

8cm（16行）

后中心　　后衣片48cm（63针）　　右侧边　　右前衣片22cm（30针）

27

几何图案的护臂

*Ladies

编织方法 ⇨ 第 30 页
设计 & 编织 ⇨ 本间幸子

传统图案的秋冬款多彩护臂，喜欢吗？
或许，更像一件饰品。

鹿图案的护臂

*Ladies

编织方法 ⇨ 第 31 页
设计 & 编织 ⇨ 本间幸子

北国生活的动物，强壮犄角的鹿图案设计。

松鼠图案的护臂

*Ladies

编织方法 ⇨ 第 31 页
设计 & 编织 ⇨ 本间幸子

漂亮蓬松尾巴的松鼠图案设计。

几何图案的护臂
鹿图案的护臂
松鼠图案的护臂

作品 ⇨ 第28、29页

〈需要准备的物品〉

线……（几何图案的护臂）3S 加拿大人 米绿色（3）18g、紫色（14）13g、原色（1）18g·水蓝色（9）各10g、宝石绿（7）、深褐色（4）、绿色（6）各5g、蓝色（8）、海军蓝（15）、橙色（11）各2g、3S 加拿大人（粗花呢）海军蓝（107）10g、象牙白（101）4g

（鹿图案的护臂）3S 加拿大人 深褐色（4）30g、水蓝色（9）22g、红色（13）14g、原色（1）8g、橙色（11）5g、紫色（14）4g、宝石绿（7）3g、米绿色（3）少量

（松鼠图案的护臂）3S 加拿大人（粗花呢）象牙白（101）38g、3S 加拿大人 海军蓝（15）18g、绿色（6）6g、宝石绿（7）4g、原色（1）3g、粉色（12）、深褐色（4）·蓝色（8）各1g

针……（通用）棒针12号

〈尺寸〉（通用）手腕周长22cm 长18cm

〈织片密度〉（通用）编入花样/10cm 见方17针·22行

〈编织方法〉（通用）
1 挂于手指起针制作36针，针圈分配于4支针的3支，编织成环状。
2 参照编织方法记号图，编入花样（参照第6、7页）无加减编织。
3 编织末端伏针固定，最后处理线头。

几何图案的护臂

（单松紧针）　伏针固定
　　　　　　　　2⁴cm行
本体
（编入花样）
18cm　　　　　28行
　　　　　　　2.5⁵cm行
（单松紧针）
挂于手指起针
22cm（36针）
成环状

鹿图案的护臂

（双松紧针）　伏针固定
　　　　　　　2③cm行
本体
（编入花样）
18cm　　　　16cm
　　　　　　　37行
挂于手指起针
22cm（36针）成环状

松鼠图案的护臂

伏针固定
本体
（编入花样）
18cm　　　　38行
挂于手指起针22cm
（36针）成环状

配色
- ▨ = 褐色
- △ = 蓝色
- ⊡ = 紫色
- ⊠ = 宝石绿
- ℓ = 绿色
- ● = 海军蓝
- □ = 象牙白
- ▲ = 橙色
- □ = 原色
- ⟋ = 深褐色
- ⊙ = 水蓝色

※均编织下针 Ι

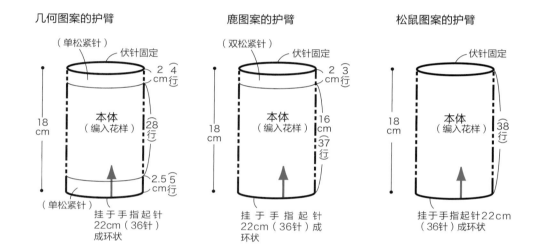

几何图案的护臂

伏针固定（参照第9页）
单松紧针

单松紧针
海军蓝（107）

3635　30　25　20　15　10　5　1　起针

30

鹿图案的护臂

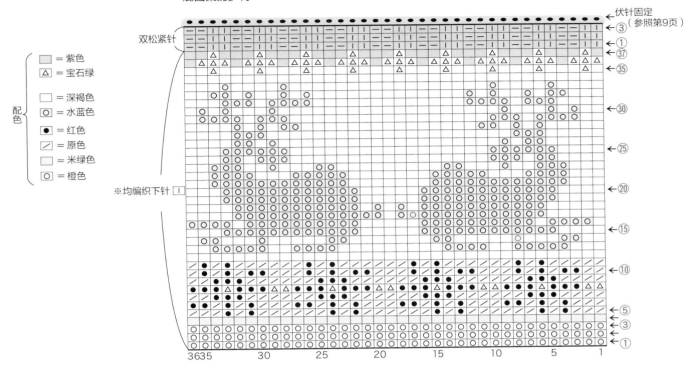

松鼠图案的护臂

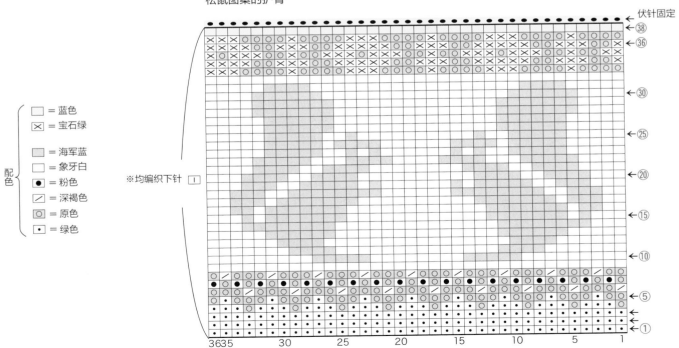

几何图案的帽子

* Men's

编织方法 ⇨ 第 34 页
设计 & 编织 ⇨ 铃木朝子

自然色彩的护耳帽,
帽顶还有大绒球。

几何图案的连指手套

* Men's

编织方法 ⇨ 第 35 页
设计 & 编织 ⇨ 铃木朝子

搭配帽子的连指手套，
成套穿着，更显帅气！

几何图案的帽子

作品 ⇨ 第 32 页

〈需要准备的物品〉
线……3S 加拿大人 原色（1）·米绿色（3）·
深褐色（4）各 60g

针……棒针 15 号·12 号

〈尺寸〉头围 57cm 高 23cm（耳朵除外）

〈织片密度〉编入花样 /10cm 见方 14 针·16 行

〈编织方法〉
1 挂于手指起针，12 号针起针 80 针，针
圈分配至 3 支针。帽口编织单松紧针，再
换成 15 号针，按编织包住过线的方法（参
照第 6 页）编织编入花样。
2 帽顶 10 处减针编织，最后的 10 针侧穿
线收紧。
3 护耳参照图示编织 2 片，订缝接合于本
体的反面。
4 制作绳带及绒球，并订缝接合于指定
位置。

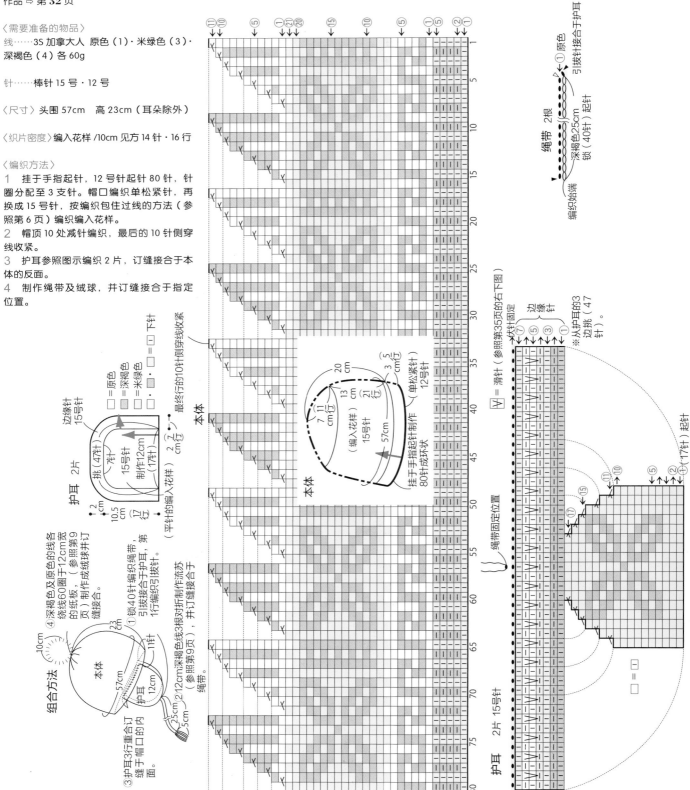

34

几何图案的连指手套

作品 ⇨ 第33页

〈需要准备的物品〉
线……3S 加拿大人 深褐色（4）40g、米绿色（3）
30g、原色（1）20g

针……棒针 15 号・12 号

〈尺寸〉周长 23cm 长 24.5cm

〈织片密度〉编入花样 /10cm 见方 13 针・16 行

〈编织方法〉
1　挂手指起针，12 号针起针 28 针，针圈分配至 3 支针。如图所示，反面编织包住过线的方法换线，编织单松紧针成环状。
2　换成 15 号针，参照图示平针编织至指尖侧。第 13 行编织完成之后，休针、卷针加针制作大拇指的缝接位置。※ 右手和左手的大拇指缝接位置不同，请注意。指尖的 4 针侧穿线收紧。
3　从大拇指缝接位置挑针，无加减编织大拇指，收紧指尖。最后，处理线头。

连指手套本体　左・右通用　※仅大拇指缝接位置不同。

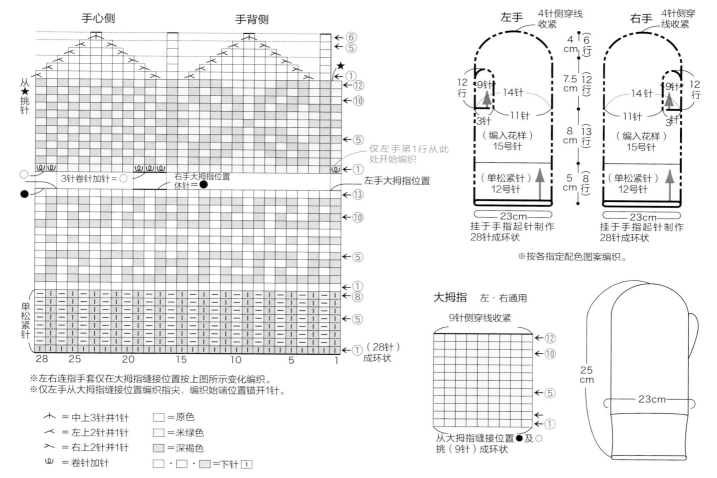

※左右连指手套仅在大拇指缝接位置按上图所示变化编织。
※仅左手从大拇指缝接位置编织指尖，编织始端位置错开1针。

  ∧ ＝中上3针并1针　　　□＝原色
  ⟋ ＝左上2针并1针　　　□＝米绿色
  ⟍ ＝右上2针并1针　　　□＝深褐色
  ω ＝卷针加针　　　　□・□・□＝下针 |

大拇指的挑针位置

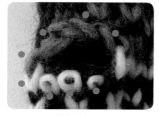

挑起编织●部分

滑针

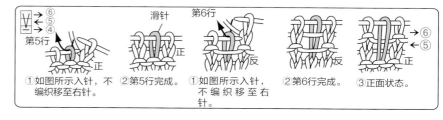

①如图所示入针，不编织移至右针。　②第5行完成。　①如图所示入针，不编织移至右针。　②第6行完成。　③正面状态。

35

星星图案的背心

*Ladies

编织方法 ⇨ 第 38、39 页
设计 & 编织 ⇨ 风工房

淳朴色调搭配的星星图案的背心，
黄绿色的线条在其中点缀。

心形图案的背心

*Ladies

编织方法 ⇨ 第 38、39 页
设计 & 编织 ⇨ 风工房

原色基底搭配粉色的爱心，女孩喜欢的
漂亮背心。

星星图案的背心
心形图案的背心

作品 ⇨ 第**36**、**37**页

〈需要准备的物品〉

线……（星星图案的背心）3S 加拿大人（粗花呢）浅褐色（102）270g、黄绿色（103）21g、3S 加拿大人 原色（1）70g、深褐色（4）20g（心形图案的背心）3S 加拿大人（粗花呢）象牙白（101）270g、粉色（105）20g、3S 加拿大人 深褐色（4）21g、绿色（6）21g、水蓝色（9）20g

针……（通用）棒针 13 号・11 号、钩针 8/0 号

其他……（通用）直径 2.2cm 纽扣 6 个

〈尺寸〉（通用）胸围 93cm 背肩宽 36cm 衣长 54cm

〈织片密度〉（通用）编入花样 /10cm 见方 12.5 针·16.5 行

〈编织方法〉（通用）

1　衣片挂于手指起针制作 111 针，编织 13 行单松紧针。编入花样（参照第 6、7 页）无加减针编织至 44 行，接着起伏针制作袖窿的 13 针，编织 4 行。

制作袖窿，前后分开编织。第 1 行伏针袖窿中心的 5 针继续编织，2 ～ 34 行先编织右前衣片、再接线编织后衣片及左前衣片。

2　前开襟挑针，单松紧针编织 8 行，编织末端伏针固定。

3　肩部正面对合☆及▲，引拔拼接。

4　从后领窝挑针，起伏针编织后领。

5　从后领的两端（♥、♥）挑针，起伏针分别编织左右前领。订缝接合各拼合记号（◆♣◆♣）。

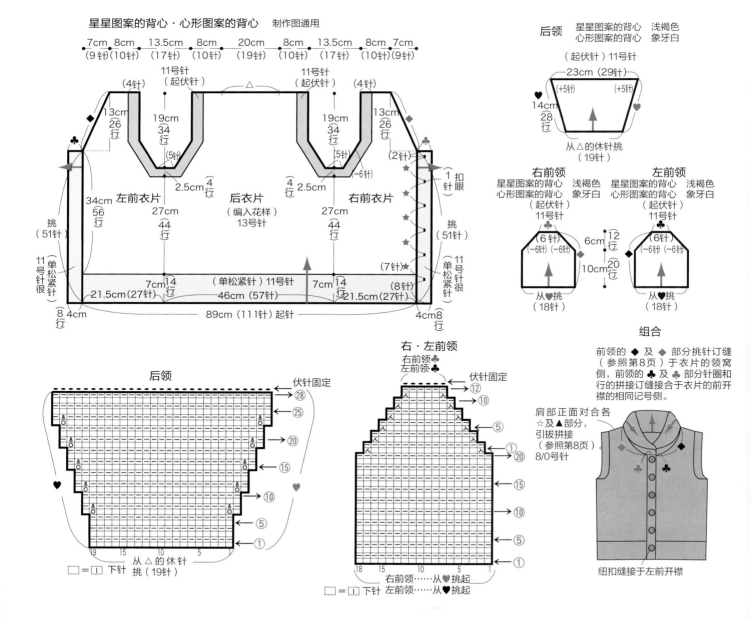

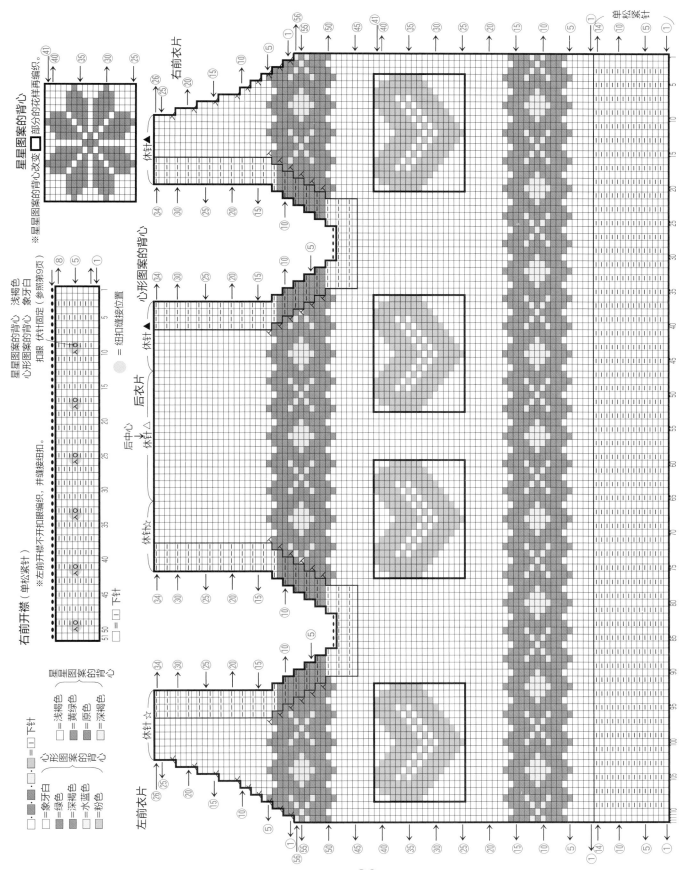

几何图案的背心

＊Ladies

编织方法 ⇨ 第 42、43 页
设计 & 编织 ⇨ 冈本启子　宫本宽子

左右衣片变换配色的精美设计，百搭的一
款背心。

小鸟图案的帽子

✱Ladies

编织方法 ⇨ 第 59 页
设计 & 编织 ⇨ 铃木朝子

宝石绿 的 小鸟 图案 帽子，搭配 服饰 的
亮点。

几何图案的背心

作品 ⇒ 第40页

〈需要准备的物品〉

线……3S 加拿大人 海军蓝（15）240g、宝石绿（7）43g、米绿色（3）33g、深褐色（4）橙色（11）19g、紫色（14）8g、原色（1）3g

针……棒针14号·12号

其他……直径2.7cm 纽扣4个

〈尺寸〉胸围90cm、衣长49cm、背肩宽35cm

〈织片密度〉平针/10cm 见方13针·18行、编入花样/10cm 见方13针·17行

〈编织方法〉

1 起针均为挂手指起针，后衣片如图所示用海军蓝色编织单松紧针、平针。

2 前衣片如图所示改变左右配色，换线编织单松紧针及编入花样（参照第6、7页）。

3 肩部盖住拼接，侧边挑针订缝，再从前端·领窝挑针，用海军蓝色单松紧针编织前开襟（右前开襟开扣眼）·领（参照步骤1及2），最后伏针固定。

4 袖窿侧单松紧针6行编织成环状，伏针固定。

5 左前开襟侧缝接纽扣。

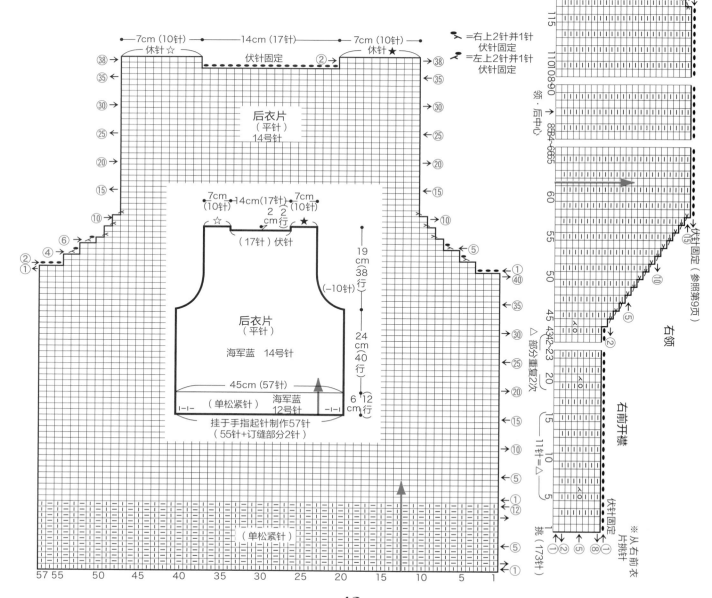

42

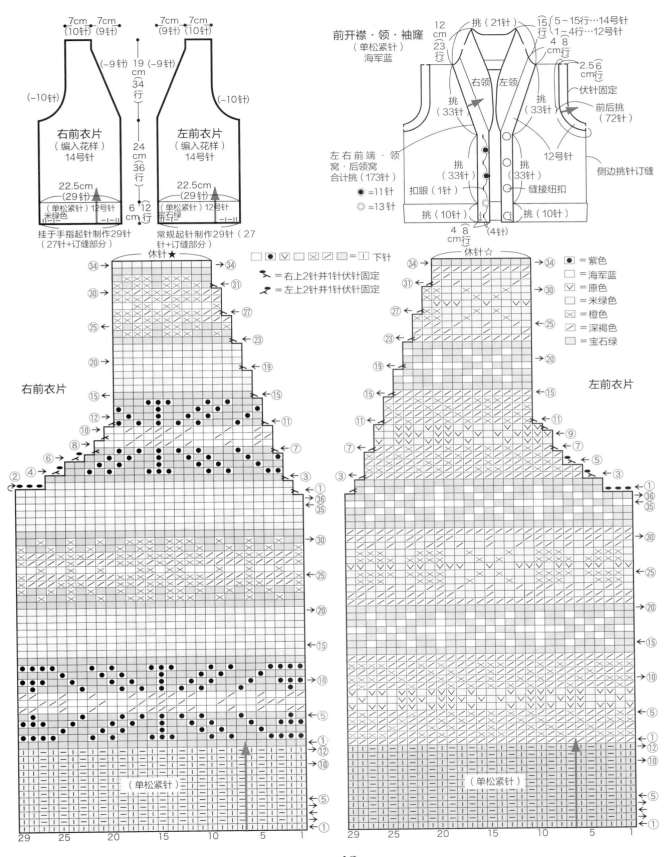

右前衣片
（编入花样）
14号针

左前衣片
（编入花样）
14号针

7cm（10针） 7cm（9针）
7cm（9针） 7cm（10针）

（-9针）
（-9针）
19cm34行

（-10针）
（-10针）

24cm36行

22.5cm（29针）
22.5cm（29针）

（单松紧针）12号针 米绿色
（单松紧针）12号针 米绿色

6 12cm行

挂于手指起针制作29针（27针+订缝部分）
常规起针制作29针（27针+订缝部分）

前开襟·领·袖窿
（单松紧针）
海军蓝

挑（21针）
12cm23行
5～15行…14号针
1～4行…12号针
4 8cm行
2.5 6cm行

右领 左领

挑（33针）
挑（33针）
伏针固定
前后挑（72针）

左右前端·领窝·后领窝 合计挑（173针）
●=11针
◎=13针

挑（33针）
挑（33针）
12号针
缝接纽扣
侧边挑针订缝

扣眼（1针）

挑（10针）
挑（10针）
（4针）

4 8cm行

右前衣片

左前衣片

休针★
休针☆

□ ● ☑ □ ⊠ ∕ ▨ =□ 下针
∕= 右上2针并1针伏针固定
∕= 左上2针并1针伏针固定

● =紫色
□ =海军蓝
☑ =原色
□ =米绿色
⊠ =橙色
∕ =深褐色
▨ =宝石绿

（单松紧针）
（单松紧针）

43

鹿图案的外套

*Ladies

编织方法 ⇨ 第 23、46、47、54 页
设计 & 编织 ⇨ 今村曜子

粗花呢质感的鹿图案红色外套，里外都很
温暖。

44

鹿图案的外套

＊Men's

编织方法 ⇨ 第 **23**、**46**、**47**、**54** 页
设计 & 编织 ⇨ 今村曜子

色调不同的男款外套，花纹也有少许
增加，有舒适的插肩袖设计。

鹿图案的外套

作品 ⇨ 第 44、45 页

〈需要准备的物品〉
线……（女款）3S 加拿大人（粗花呢）红色（104）
320g、红褐色（108）9g、3S 加拿大人 绿色
（2）115g（男款）3S 加拿大人（粗花呢）绿色
（106）405g、红褐色（108）100g、海军蓝（107）
45g、3S 加拿大人 原色（1）135g

针……（女款）棒针 13 号・12 号・11 号（男款）
棒针 15 号・14 号・13 号

其他……（女款）直径 2.2cm 纽扣 5 个（男款）
直径 2.2cm 纽扣 6 个

〈尺寸〉（女款）胸围 93cm 衣长 49cm 横长
77cm（男款）胸围 103cm 衣长 56cm 横长
90cm

〈织片密度〉（女款）编入花样 /10cm 见方 13
针・18 行（男款）编入花样 /10cm 见方 11 针・
16 行

〈编织方法〉（通用）
1 衣片和袖挂手指起针，编织单松紧针。接着，
参照图示编织编入花样（参照第 6、7 页）。
2 前开襟・前领挂手指起针，起伏针编织，编
织末端重复"编织上针盖住"，最后伏针固定。
3 插肩线及袖下挑针订缝。
4 后领从后领窝及袖的一半挑针，挑针织片密
度，编织起伏针。编织末端重复"编织上针盖住"，
最后伏针固定。
5 前开襟及零与衣片的前端及前领窝挑针
订缝。
6 纽扣缝接于前开襟。

※ 女款的衣片（编织图）见第 58 页，后领（编织
图）、右前开襟・领・扣眼（制作图）见 54 页，袖
（编织图）见 23 页。

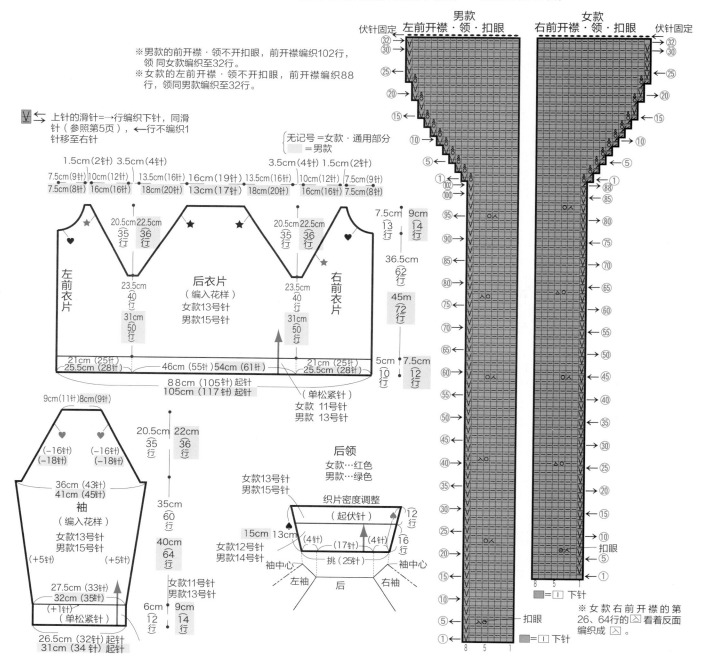

46

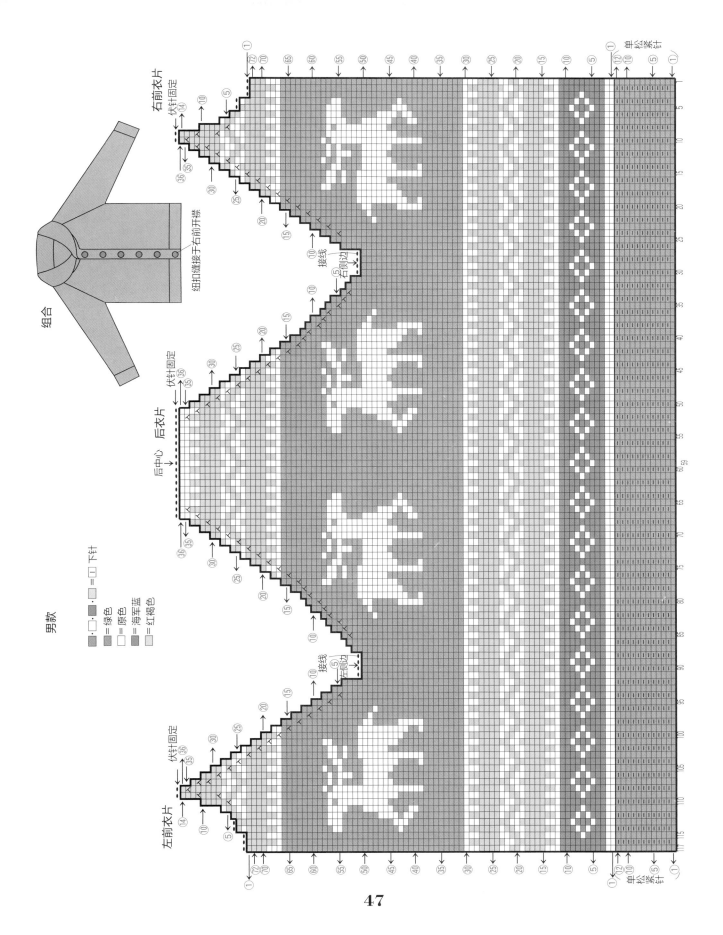

男款

组合

右前衣片

后衣片

左前衣片

下针

= 绿色
= 原色
= 海军蓝
= 红褐色

47

虎鲸图案的背心

*Ladies

编织方法 ⇨ 第 15、50、51 页
设计 & 编织 ⇨ 冈真理子　水野顺

用白色作为底色衬托出虎鲸图案的背心，立领使颈部更温暖。

天鹅图案的背心

＊Ladies

编织方法 ⇨ 第 15、50、51 页
设计 & 编织 ⇨ 冈真理子　水野顺

柔美的浅色调和优雅的天鹅图案，深受
少女喜爱的浪漫款式背心。

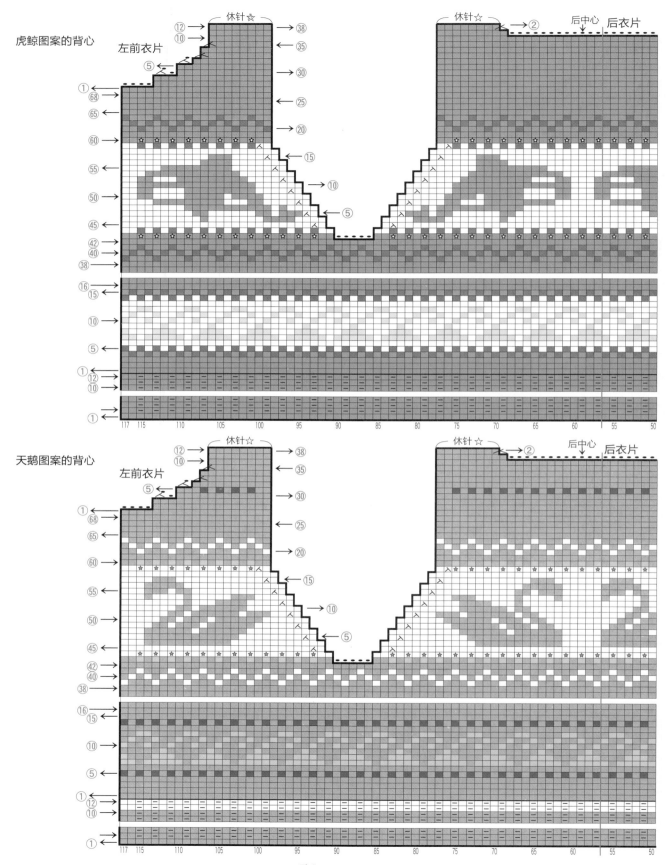

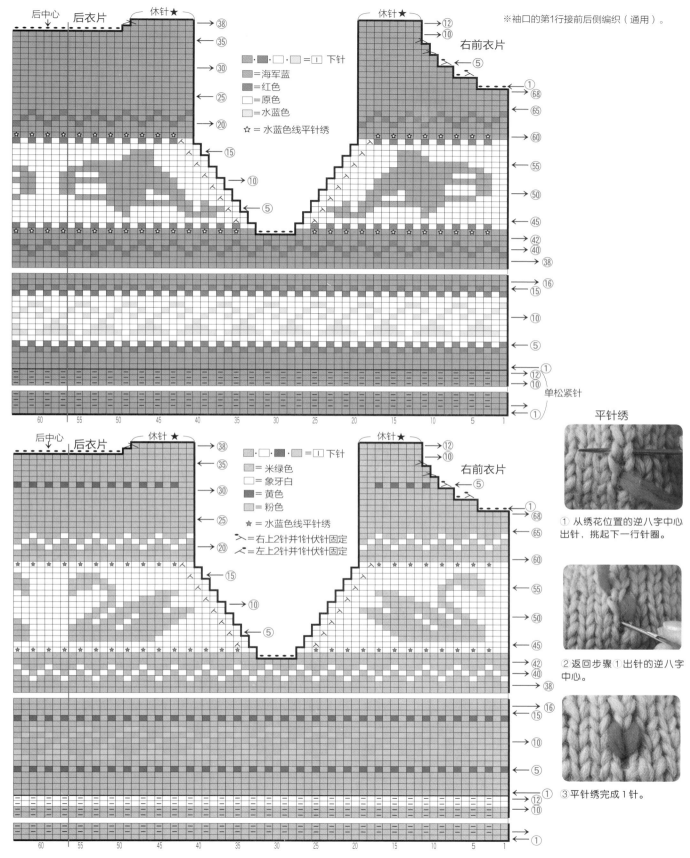

※袖口的第1行接前后侧编织（通用）。

平针绣

① 从绣花位置的逆八字中心出针，挑起下一行针圈。

② 返回步骤①出针的逆八字中心。

③ 平针绣完成1针。

心形图案的护脖

*Ladies

编织方法 ⇨ 第 54 页
设计 & 编织 ⇨ 远藤 HIROMI

充溢着小爱心图案的护脖，直线编织而成。

心形图案的帽子
＊Ladies

编织方法 ⇨ 第 55 页
设计 & 编织 ⇨ 远藤 HIROMI

搭配上一款护脖使用的帽子，还有温暖的护耳。

心形图案的护脖

作品 ⇨ 第 **52** 页

〈需要准备的物品〉

线……3S 加拿大人（粗花呢） 红色(104)30g、绿色(106)30g、海军蓝(107)22g 3S 加拿大人水蓝色(9)5g

针……棒针 15 号・13 号

其他……直径 1.8cm 纽扣 4 个

〈尺寸〉颈围 55cm 深 19.5cm

〈织片密度〉编入花样 /10cm 见方 13 针・16.5 行

〈编织方法〉

1 本体挂手指起针制作 67 针(第 1 行)，编织 5 行单松紧针。接着，编入花样(参照第 6、7 页)

无加减针编织 24 行。编织 4 行单松紧针，编织末端伏针固定。

2 前开襟从两端每 25 针挑针，编织 4 行单松紧针，编织末端伏针固定。右侧编织时作扣眼。

3 左侧缝接 4 个纽扣。

组合

缝接纽扣

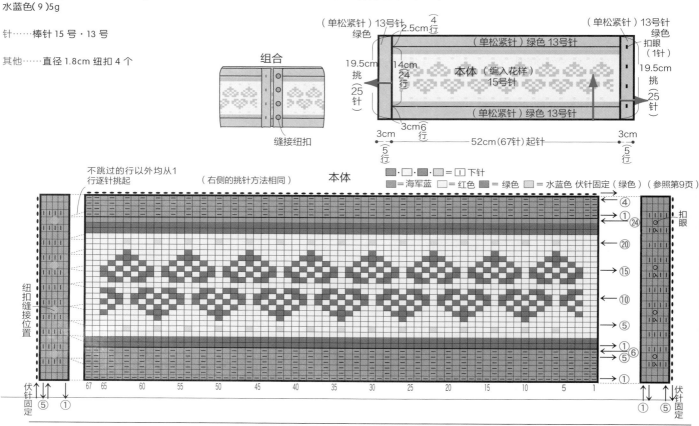

不跳过的行以外均从 1 行逐针挑起

（右侧的挑针方法相同）

本体

纽扣缝接位置

■=□・■・□ = □ 下针
■=海军蓝 □=红色 ■=绿色 □=水蓝色 伏针固定（绿色）（参照第 9 页）

伏针固定

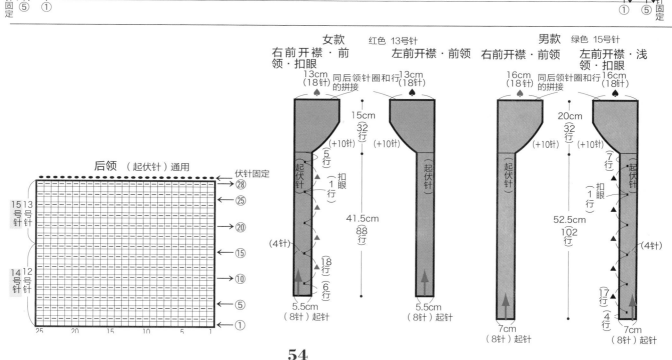

女款
右前开襟・前领・扣眼   红色 13号针   左前开襟・前领

后领 （起伏针）通用

男款
右前开襟・前领   绿色 15号针   左前开襟・浅领・扣眼

54

心形图案的帽子

作品 ⇨ 第 **53** 页

〈需要准备的物品〉
线……3S 加拿大人（粗花呢）海军蓝（107）70g、红色（104）27g、绿色（106）20g 3S 加拿大人 水蓝色（9）5g

针……棒针 15 号、钩针 8/0 号

〈尺寸〉头围 56cm 深 23cm(除护耳)

〈织片密度〉编入花样 /10cm 见方 13 针·16.5 行

〈编织方法〉
1　本体从护耳部分开始编织。挂手指起针制作 3 针，编入花样（参照第 6、7 页）在两端加针编织 18 行，并休针。共制作 2 片。
2　本体前中心（♥）锁 21 针、后中心（♥）锁 13 针起针（参照第 60 页），从护耳挑针，编入花样无加减针编织 27 行，分散减针编织 12 行。
3　线穿入最终行剩余的针圈（24 针），收紧。
4　编织始端侧，编织 1 行短针。
5　绳带编织 36 针锁针。
6　穗饰参照图示制作。
7　参照组合图，将穗饰缝接于绳带前端。

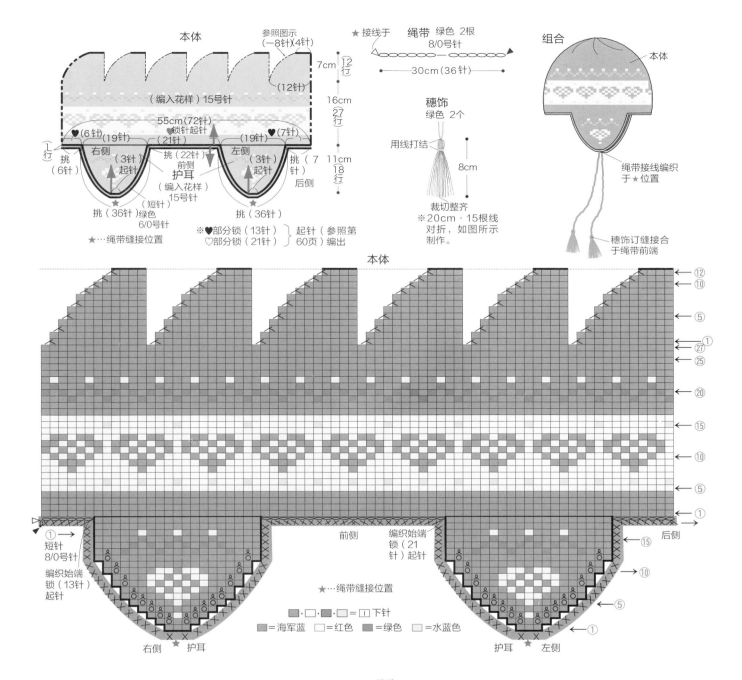

★…绳带缝接位置

■·□■·□＝□＝下针
■=海军蓝　□=红色　■=绿色　□=水蓝色

本书所用线的介绍

（图片同实物等大）

1 3S 加拿大人（粗花呢）
棒针 13 ~ 15 号 钩针 10/0 号、羊毛 100%、
100g 玉卷、约 102m、8 色

2 艺丝羊毛（L）
棒针 6 ~ 8 号 钩针 5/0 号、羊毛 100%（使用
精品美利奴）、40g 玉卷、约 80m、45 色

3 3S 加拿大人
棒针 13 ~ 15 号 钩针 10/0 号、羊毛 100%、
100g 玉卷、约 102m、15 色

※ 印刷刊物，图片中的线同实物会有些许色差。
※ 1 ~ 3 从左开始为：适用针→含量→规格→线长
→色数。

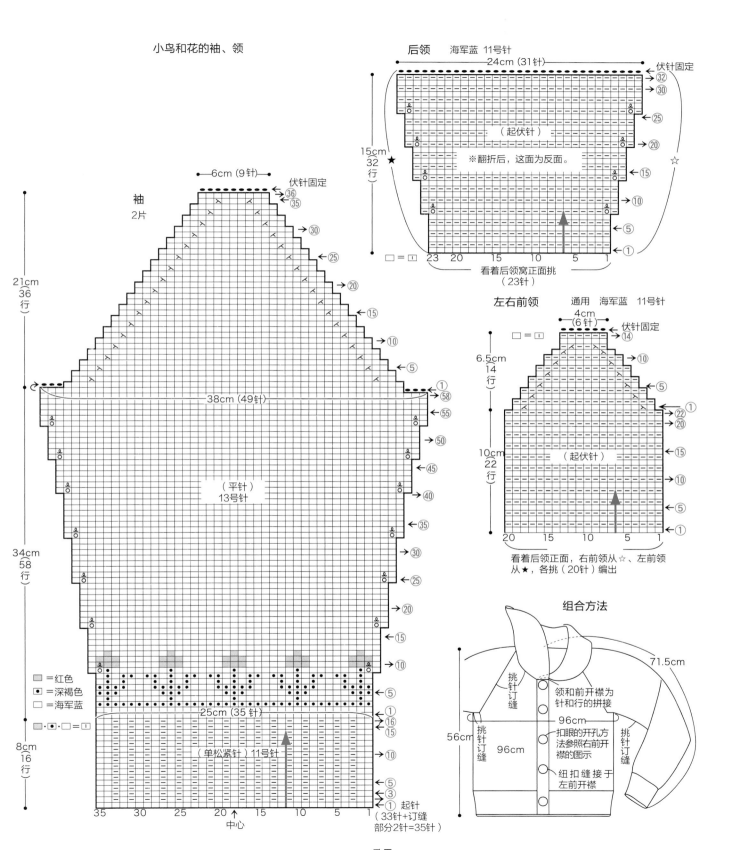

小鸟和花的袖、领

后领　海军蓝 11号针
24cm（31针）
伏针固定
㉜
㉚
㉕
（起伏针）
㉒⓪
15cm
32
行
★
※翻折后，这面为反面。
⑮
⑩
⑤
①
□ = 🔲
23　20　　15　　10　　5　　1
看着后领窝正面挑
（23针）

6cm（9针）
伏针固定
㊱
㉟
㉚
㉕
㉒⓪
⑮
⑩
⑤
①
58
55
50
45
40
㉟
㉚
㉕
⓪
⑮
⑩
⑤
③
①

袖
2片

21cm
36
行

38cm（49针）

（平针）
13号针

34cm
58
行

8cm
16
行

□=红色
•=深褐色
□=海军蓝

🔲•🔲=🔲

25cm（35针）

①
⑯
⑮

（单松紧针）11号针

⑩

⑤
③
①　起针
（33针+订缝
部分2针=35针）

35　　30　　25　　20　　15　　10　　5　　1
↑
中心

左右前领　通用　海军蓝 11号针
4cm
（6针）
伏针固定
⑭
□ = 🔲
⑩
6.5cm
14
行
⑤
①
㉒⓪
⑮
10cm
22
行
（起伏针）
⑩
⑤
①
20　　15　　10　　5　　1
看着后领正面，右前领从☆、左前领
从★，各挑（20针）编出

组合方法

71.5cm

挑针订缝

领和前开襟为
针和行的拼接

96cm

56cm　挑针订缝

96cm
扣眼的开孔方
法参照右前开
襟的图示

挑针订缝

纽扣缝接于
左前开襟

57

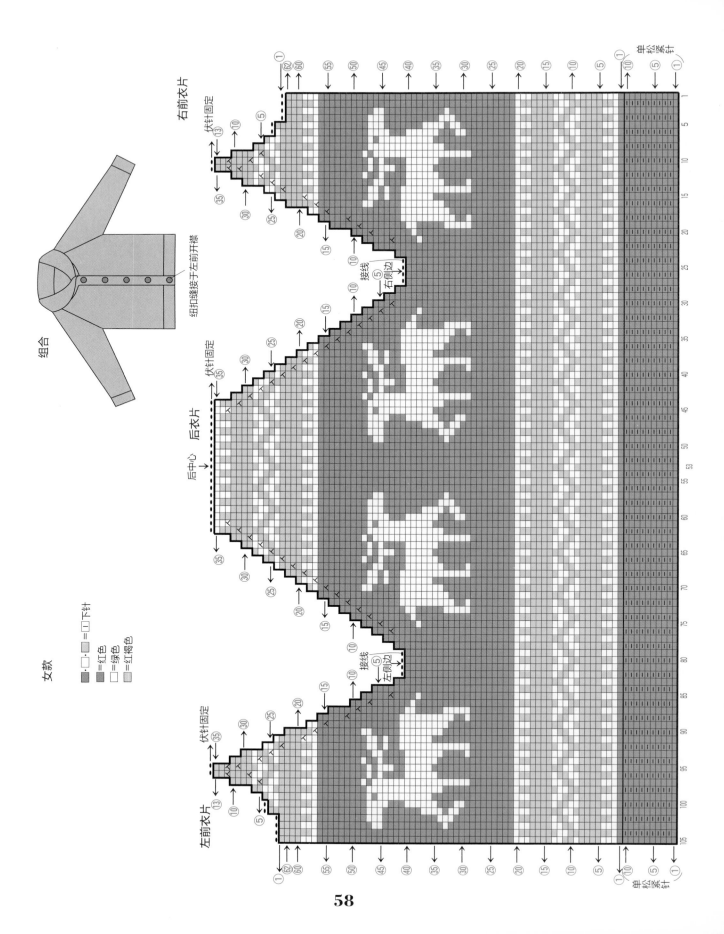

女款

组合

右前衣片

后衣片　后中心

左前衣片

= 下针
= 红色
= 绿色
= 红色
= 红褐色

纽扣缝接于左前开襟

伏针固定

接线　右侧边

接线　左侧边

单松紧针

小鸟图案的帽子

作品 ⇨ 第 41 页

〈需要准备的物品〉
线……3S 加拿大人 宝石绿（7）42g、绿色（6）
30g、深褐色（4）14g、橙色（11）10g

针……棒针 15 号

〈尺寸〉头围 57cm 深 23cm

〈织片密度〉编入花样 /10cm 见方 15 针·17 行

〈编织方法〉
1　挂手指起针制作 80 针成环状，接单松紧针，
编织编入花样（参照第 6、7 页）。
2　帽顶 10 处减针编织，最后 10 针侧穿线收紧。
3　双色制作绒球（参照第 9 页），并订缝接合
于帽顶，最后处理线头。

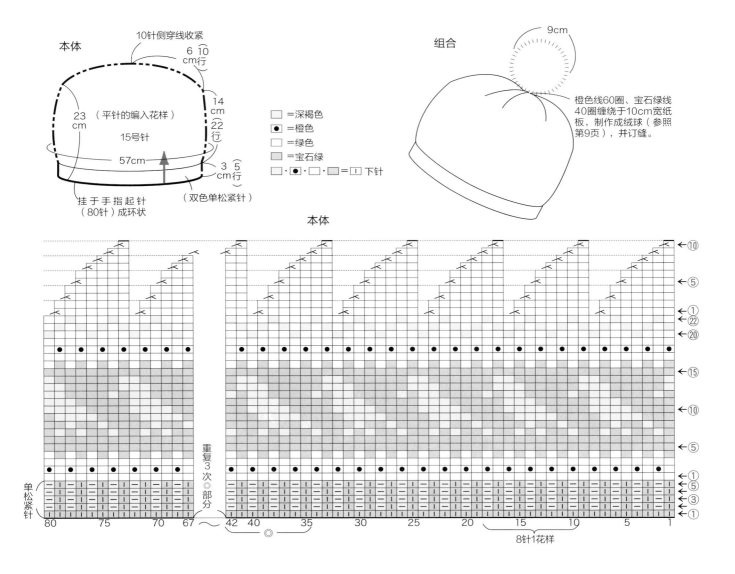

本体

□ =深褐色
⦿ =橙色
□ =绿色
▨ =宝石绿
□·⦿·□·▨ = Ⅰ 下针

组合

9cm

橙色线60圈、宝石绿线
40圈缠绕于10cm宽纸
板，制作成绒球（参照
第9页），并订缝。

棒针编织的基础

❈ 记号图的识别方法 ❈

根据日本工业标准(JIS)规定，记号图均表示实物正面状态。棒针编织的平针，前头为←的行看着织片的正面编织，从右至左看记号图，对应记号图进行编织。前头为→的行看着织片的反面编织，从记号图的左至右编织，编织方向相反。（例如，记号图表示为下针则编织成上针，记号图表示为上针则编织成下针。此外，表示扭针则编织成上针的扭针。）本书中，起针为第1行。

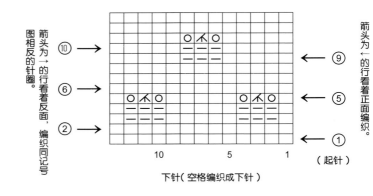

箭头为→的行看着反面，编织同记号图相反的针圈。

箭头为←的行看着正面编织。

⑩ →
⑨ ←
⑥ →
⑤ ←
② →
① ←（起针）

10   5   1

下针（空格编织成下针）

❈ 初始针圈的制作方法 ❈

1 从线头开始，至成品宽度约3倍位置制作线环。

2 右手大拇指和食指送入线环中，引出线。

3 2支针穿入引出的线，引出的线头打结。这就是初始的第1针。

❈ 挂于手指起针 ❈

挂于食指　挂于大拇指

1 初始的第1针完成后，线结挂于左右食指，线头挂于大拇指。如箭头所示送入大拇指，挂线引收至外侧。

2 如箭头所示移动针，挂线于针尖。

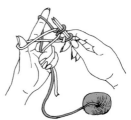

3 轻轻松开挂于大拇指的线。

4 如箭头所示送入大拇指、挂线，引线收紧至外侧。

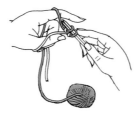

5 第2针完成。第3针开始按照步骤2至4的要领继续编织。

6 起针（第1行）结束。取出1支棒针，接着用这支棒针继续编织。

❈ 别锁的起针 ❈　　※ 步骤1～4参照第63页钩针编织的基础"初始针圈的制作方法"

5 别线编织比所需针数多的锁针。

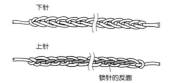

下针

上针

锁针的反面

6 编织完成，收紧断线。

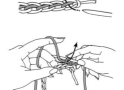

7 棒针送入锁针反面的里山，挂线引出。

8 入针于下个针圈的里山，重复步骤7。

9 挑起编织所需针数，完成第1行。

⌐ 下针

1 线置于外侧，从内侧送入右针。

2 挂线于右针，如前头所示引出至内侧。

3 用右针引出线，松开左针。

4 下针完成。

─ 上针

1 线置于内侧，如前头所示，从外侧送入右针。

2 如图所示挂线，如箭头所示引线于外侧。

3 右针引线完成后，松开左针。

4 上针完成。

O 挂针

1 线置于内侧。

2 如图所示，从内侧挂线于右针，下一针圈如箭头所示送入右针编织。

3 挂针1针、下针1针完成。

4 下一行完成。挂针位置开孔，成为1针加针。

下针的扭针

1 如箭头所示，用右针引上下个针圈之间的过线。

2 引上完成，线挂于左针。

3 线挂于左针之后，如箭头所示编织下针。

4 下针的扭针完成。引上的针圈扭转、增加1针。

上针的扭针

1 如箭头所示，用右针引上下个针圈之间的过线。

2 引上完成，线挂于左针。

3 线挂于左针之后，如箭头所示编织上针。

4 上针的扭针完成。引上的针圈扭转、增加1针。

人 中上3针并1针

1 如箭头所示入针于左针的2针，不编织移至右针。

2 入针于第3针，挂线编织成下针。

3 左针送入步骤1移动的2针，如前头所示盖住左针的1针。

4 中上3针并1针完成。

人 右上2针并1针

1 如箭头所示从内侧送入右针，不编织移至右针，改变针圈方向。

2 右针送入左针的下一针圈，挂线编织成下针。

3 左针送入步骤1移至右针的针圈，如箭头所示盖住左针圈。

4 右上2针并1针完成。

人 左上2针并1针

1 如箭头所示，从2针左侧一并入针。

2 如箭头所示挂线，2针一并编织。

3 右针引出线，松开左针。

4 左上2针并1针完成。

● 伏针（伏针固定）

1 端部2针编织成下针，左针如前头所示送入右端针圈。

2 如图所示，右端针圈盖住相邻的针圈。

3 下针编织1针左的针圈，用右针的针圈盖住。重复此操作。

4 编织结束的针圈如图所示，线头穿入针圈收紧。

ω 卷针加针

1 如箭头所示，挂针于挂手指的线。

2 线袢从食指松开。

3 线卷绕于针，增加1针。

4 已增加3针。

62

钩针编织的基础

❀ 锁针的识别方法 ❀

 正    反

里山

锁针分为正面及反面。反面的中央1根突出侧为锁针的"里山"。

❀ 线和针的拿持方法 ❀

1 将线从左手的小拇指和无名指之间引出至内侧，挂于食指，线头出于内侧。

2 用大拇指和中指拿住线头，立起食指撑起线。

3 针用大拇指和食指拿起，中指轻轻贴着针尖。

❀ 初始针圈的制作方法 ❀

1 如箭头所示，针从线的外侧进入，并转动针尖。

2 再次挂线于针尖。

3 穿入线环内，线引出至内侧。

4 拉住线头、拉收针圈，初始针圈完成（此针圈不计入针数）。

❀ 上一行针圈的挑起方法 ❀

即使是相同的泡泡针，针圈的挑起方法也会因记号图而改变。记号图下方闭合时编入上一行的1针，记号图下方打开时挑起束紧编织上一行的锁针。成束挑起编入1针锁针。

 编入1针

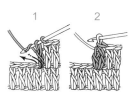

1   **2**

挑起束紧编织锁针

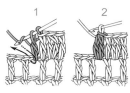

1   **2**

❀ 针法记号 ❀

◯ 锁针

1 制作初始针圈（参照第 **75** 页），挂线于针尖。

2 引出挂上的线，锁针完成。

3 同样方法，重复步骤 **1** 及 **2** 进行编织。

5针

4 锁针 **5** 针完成。

⬤ 引拔针

1 入针于上一行针圈。

2 挂线于针尖。

3 线一并引拔。

4 引拔针 **1** 针完成。

╳ 短针

1 入针于上一行。

2 挂线于针圈，线样引出至内侧。

3 再次挂线于针尖，**2** 线样一并引拔。

4 短针 **1** 针完成。

❀ 其他基础 索引 ❀

❀ 参与人员 ❀

装帧设计 …　渡边 HIROKO

摄影　　　　大岛明子（作品）本间伸彦（制作步骤、线）

造型　　　　平尾知子

作品设计　　今村曜子　远藤 HIROMI　冈真理子　冈本启子
　　　　　　风工房　河合真弓　铃木朝子　本间幸子
　　　　　　松井 MIYUKI　松本薰

编织方法解说　堤俊子　中村洋子

绘图　　　　北原祐子　中村洋子　远藤和惠（基础作品）

制作步骤解说　堤俊子

制作步骤协助　今村曜子　冈真理子　河合真弓

编织方法校对　佐藤八十子

策划·编辑　　E＆G（籔明子　田代麻衣子）